U0181299

京权图字：01-2022-1292

图书在版编目（CIP）数据

孩子背包里的大自然. 发现鱼儿 /（瑞典）艾玛·扬松（Emma Jansson）著、绘；徐昕译. -- 北京：外语教学与研究出版社，2022.6
ISBN 978-7-5213-3549-1

Ⅰ. ①孩… Ⅱ. ①艾… ②徐… Ⅲ. ①自然科学－少儿读物②鱼－少儿读物 Ⅳ. ①N49②S96-49

中国版本图书馆 CIP 数据核字（2022）第 065888 号

出 版 人　王　芳
项目策划　许海峰
责任编辑　于国辉
责任校对　汪珂欣
装帧设计　王　春
出版发行　外语教学与研究出版社
社　　址　北京市西三环北路 19 号（100089）
网　　址　http://www.fltrp.com
印　　刷　北京捷迅佳彩印刷有限公司
开　　本　889×1194　1/12
印　　张　2.5
版　　次　2022 年 7 月第 1 版　2022 年 7 月第 1 次印刷
书　　号　ISBN 978-7-5213-3549-1
定　　价　45.00 元

购书咨询：（010）88819926　电子邮箱：club@fltrp.com
外研书店：https://waiyants.tmall.com
凡印刷、装订质量问题，请联系我社印制部
联系电话：（010）61207896　电子邮箱：zhijian@fltrp.com
凡侵权、盗版书籍线索，请联系我社法律事务部
举报电话：（010）88817519　电子邮箱：banquan@fltrp.com
物料号：335490001

孩子背包里的大自然

发现鱼儿

〔瑞典〕艾玛·扬松 著/绘
徐昕 译

外语教学与研究出版社
北京

丁鲅

丁鲅（guì）喜欢生活在植物茂盛的湖泊和水流缓慢的小溪中。它们平时喜欢在湖底游动，到了冬天会冬眠。丁鲅可以长到 70 厘米长，体重可超过 5 千克。它们的眼睛是红色的，听力很好，嘴角两边长着两根胡须，细小的鳞片会由于身处不同的湖泊而呈现出不同的颜色。你可以用底钓法来钓丁鲅，它们喜欢玉米以及带有大蒜香味的鱼饵！

本书末尾有关于钓鱼的小知识！

河鲈

河鲈以小型鱼类或无脊椎动物为食，生活在河流、湖泊中。它们不喜欢太咸的水。河鲈的背鳍锋利多刺，其他的鳍是红色的。河鲈的身体是绿褐色的，带有深色的条纹。它们经常成群结队地猎食，最喜爱的猎物是欧白鱼。幸运的话，河鲈可以活到20岁，体重最大可达3千克。你可以用蚯蚓来钓河鲈，也可以用虫形假饵或鱼形假饵来钓。

白斑狗鱼

白斑狗鱼生活在湖泊、河流和海洋中，是一种黄绿色的肉食性鱼类。它们的体长可达 130 厘米，体重可超过 20 千克。白斑狗鱼身体侧面有浅黄色的斑点，这使得它们能够与芦苇融为一体。白斑狗鱼的食量很大，依靠快速进攻来猎食。人们全年都可以钓白斑狗鱼，方式有很多种，比如拖钓、投掷鱼形假饵来垂钓，冬天还可以进行冰钓。你得当心白斑狗鱼锋利的牙齿，它们的大嘴里有大约 700 颗牙齿。所以最好使用钢线做钓鱼线，否则，白斑狗鱼会把鱼线咬断。

梭鲈

梭鲈的牙齿十分锋利，是一种狡猾的肉食性鱼类。它们的身体呈浅灰棕色，跟它们的亲戚河鲈一样，带有深色条纹和多刺的背鳍。它们喜欢生活在水流缓慢的溪流和海湾中。梭鲈具有较强的夜视能力，经常在夏夜里捕食猎物。它们的体长可达 130 厘米，体重可达 20 千克。梭鲈是聪明的美食家。你全年都可以钓到它们，比如冬天冰钓、夏天拖钓或者垂钓。

拟鲤

拟鲤是一种很常见的鱼。它们有小小的嘴、暗银色的背部和银白色的腹部。它们的鳍和眼睛是红色的。拟鲤是一种小型鱼类，但是也可以长到50厘米长，体重接近2千克。它们是一种抱团活动的群居鱼类，其目的是为了防范诸如白斑狗鱼、河鲈等肉食性鱼类的进攻。你可以在鱼钩上挂上玉米粒来钓拟鲤。

欧白鱼

欧白鱼全身银光闪闪，长着大大的眼睛。它们可以长到20厘米长，体重不到100克。欧白鱼常生活在湖泊中或水流缓慢的小溪中。它们通常成群结队地活动，对白斑狗鱼和河鲈来说，它们是美味的晚餐。你也许有过这样的经历：看到湖面上像是下雨了一样，那很可能是欧白鱼来了，它们在水面附近捕食昆虫时，会在水面上留下一圈圈涟漪。

欧洲鳗鲡

欧洲鳗鲡是受保护动物。它们可以长到100厘米长，寿命非常长，可以超过100岁！欧洲鳗鲡的嗅觉很灵敏，在夜间很活跃。人们对欧洲鳗鲡神秘的一生知之甚少，成年后的欧洲鳗鲡会从瑞典前往大西洋西北部的马尾藻海。马尾藻海远在几千海里之外，欧洲鳗鲡会在那里繁殖，然后死去。年幼的欧洲鳗鲡随着墨西哥湾暖流回到瑞典，然后溯流而上游进小溪、江河和湖泊。

欧鲇

欧鲇又叫欧洲六须鲇，主要分布在欧洲，通常生活在江河和湖泊的中、下层，是一种大型的肉食性鱼类，体长可达 5 米，长有 2 条长须、4 条短须。欧鲇头部扁平，身上无鳞，颜色是暗沉的绿棕色，两侧有花纹，腹部颜色较浅。它们在晚间非常活跃，喜欢游到浅水处觅食。

江鳕

江鳕与大西洋鳕属于同一家族，是一种生活在淡水中的鳕鱼。你也可以在淡水和咸水交汇处发现它们。江鳕的身上有着大理石一般的纹路，呈黑色、黄棕色和绿色。江鳕的下颌处有一根“山羊须”，鼻孔旁边有两根短须，体长可达 100 厘米，体重可达 8.5 千克。江鳕是一种肉食性鱼类，通常生活在深水中，到了冬季，它们会游到较浅的地方，这时你就能很容易钓到它们了。

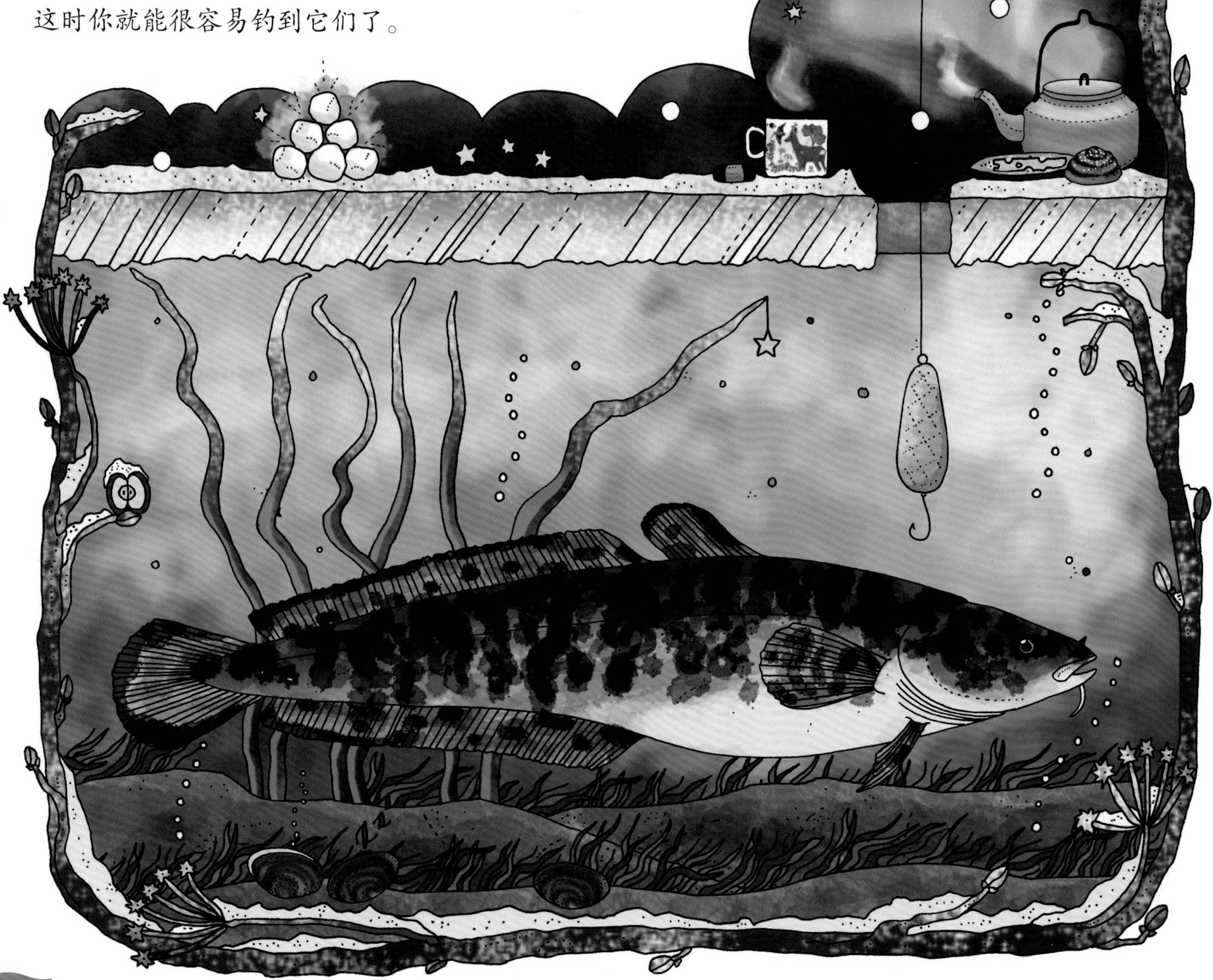

大西洋鳕

大西洋鳕生活在寒冷的深海中。它们的头部很大，眼睛很小，体长通常不超过 100 厘米。大西洋鳕的下颌上有一根须，看上去就像长在了下巴上。因为生活的地方不同，大西洋鳕的颜色也有所不同，有红棕色的，有绿色的，也有灰黄色的。你知道吗？雄性大西洋鳕可以发出类似猪叫的声音，以此来吸引雌性。它们最喜欢的食物是大西洋鲱（fēi）。你晚饭吃的炸鱼排，或许就是用大西洋鳕做的。你可以用带沉子的鱼钩来钓大西洋鳕。

大西洋鲱

大西洋鲱和波罗的海鲱其实是同一种鱼，但因为生活的地方不同，所以叫法也不同。银光闪闪的大西洋鲱体长可达 40 厘米。它们总是成群结队地出现，以抵御肉食性鱼类的侵袭。大西洋鲱是海豹的日常食物。有些地方的人喜欢在过节的时候食用腌制的鲱鱼。钓鲱鱼最好的工具是排钩。

大西洋鲭

大西洋鲭（qīng）的游动速度非常快，行动极为敏捷，喜欢成群结队地活动。它们非常漂亮，背部闪动着蓝绿色光泽，腹部颜色浅一些，身体的两侧有花纹，很像是一种神秘的语言文字。它们没有鱼鳔，在背鳍和尾鳍之间长有多条小鳍。大西洋鲭体重可达 3 千克，体长大约 60 厘米。年幼的大西洋鲭喜欢吃甲壳类动物。人们通常用排钓或者手执的卷轴钓钩来钓大西洋鲭。

红纹隆头鱼

红纹隆头鱼是一种非常漂亮的鱼，它们的颜色很鲜艳，看上去就像是水族馆里的观赏鱼。雄鱼的身体是蓝色的，有着橙红的鳍，被称作“蓝光”；雌鱼叫“红姑娘”，身体是橘色的。红纹隆头鱼有着长长的背鳍和噘起的嘴唇。大部分红纹隆头鱼出生时都是雌性的“红姑娘”，有的长大后能变成雄性的“蓝光”，也就是说，它们会变性。它们的体长约 40 厘米，体重可达 840 克。

欧洲鲽

欧洲鲽（dié）是鲽形目下的一种鱼。它们的背部有不同的颜色，有时候是棕灰色的，带着红点。它们的体长可达 100 厘米，体重约 7 千克。白天它们喜欢钻进沙子里或是海底的淤泥里，晚上则比较活跃。夏季，它们喜欢待在较浅的水域。欧洲鲽喜欢吃多毛纲和双壳纲动物。最好用底钓法来钓欧洲鲽，可以在鱼钩上装饰一些颜色鲜艳的、闪闪发亮的珠子！

大西洋鲑

大西洋鲑（guī）生活在海洋、湖泊、江河和溪流里，体长可达140厘米，体重可达30千克。由于生活地点不同，大西洋鲑有着不同的体色，但是在大海中，它们都如白银一般闪亮。在海里生活几年后，大西洋鲑会游回它们出生的河流，在那里繁衍后代。这时它们身体的颜色也会发生改变。大西洋鲑是一种深受人们喜爱的食用鱼，肉是粉红色的，这是因为它们吃的食物中含有一种色素。

褐鳟

褐鳟（zūn）通常生活在溪流、湖泊和大海中。它们一般在流动的水体中出生。年幼的褐鳟一部分会游到寒冷清澈的湖泊中，或者游向大海，另一部分则会留在出生地生活。褐鳟体色多变，但通常是暗沉的褐色或者黄色，带有棕红色的斑点。它们的体重可达 17 千克，体长大约 100 厘米。褐鳟喜欢吃昆虫，因此，到了夏天昆虫孵化的时节，你可以用假蝇来钓褐鳟，也可以使用虫形假饵。

北极红点鲑

北极红点鲑是一种非常漂亮的鱼，肚子是红色的，背部通常是灰绿色的，带有白色斑点。它们的鳍有白边。北极红点鲑的体重可达10千克，体长约80厘米。它们喜欢吃甲壳类动物，也爱吃真鲹这样的小鱼。北极红点鲑最喜欢生活在寒冷清澈的水里，是一种很难钓到的鱼。冬天可以用钻孔冰钓的方式来钓，夏天可以用假蝇来钓。

茴鱼

茴鱼很漂亮，背鳍很大，看上去就像是一张帆，背鳍的颜色在酒红色与紫色之间变换，身体闪烁着灰色的光泽。茴鱼体重可达 3 千克，体长可达 60 厘米。它们最喜欢在清澈的湖泊和流动的水体中生活。从水面上的昆虫到水底的小动物，都是茴鱼喜欢吃的食物。你可以用假蝇、虫形假饵或者蚯蚓来钓茴鱼。

捕鱼和鱼类知识

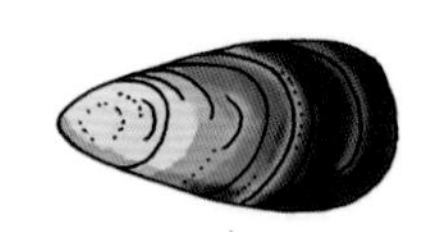

沉子：一种用金属做的重物。把沉子固定在钓鱼线上，能使钓鱼线沉到水面下方。

浮漂：浮漂是用软木或塑料等材料制成的，能浮在水面上。垂钓时，把浮漂系在钓鱼线上，这能让钓鱼线浮在水面上。

鱼饵：可以是面包、蚯蚓、玉米粒等。

底钓渔具：一副底钓渔具是由多个部件组成的，比如颜色鲜艳的珠子、一个沉子和一个鱼钩。排钩是好几个鱼钩排在一起。

钢线：由细钢丝制成，通常系在钓鱼线的末端，紧挨着鱼饵，避免鱼线被凶猛的鱼类咬断。

用钓鱼竿钓鱼：你可以在船上、栈桥上或是陆地上钓鱼。你将用到钓鱼竿、浮漂、鱼钩、鱼饵和沉子。进行底钓的时候，你可以借助沉子让鱼饵沉在水底。

钻孔冰钓：在冰上钻一个孔来钓鱼。这时你会用到一根直的短竿和一个金属假饵。你可以上下抖动钓鱼竿，来吸引鱼上钩。

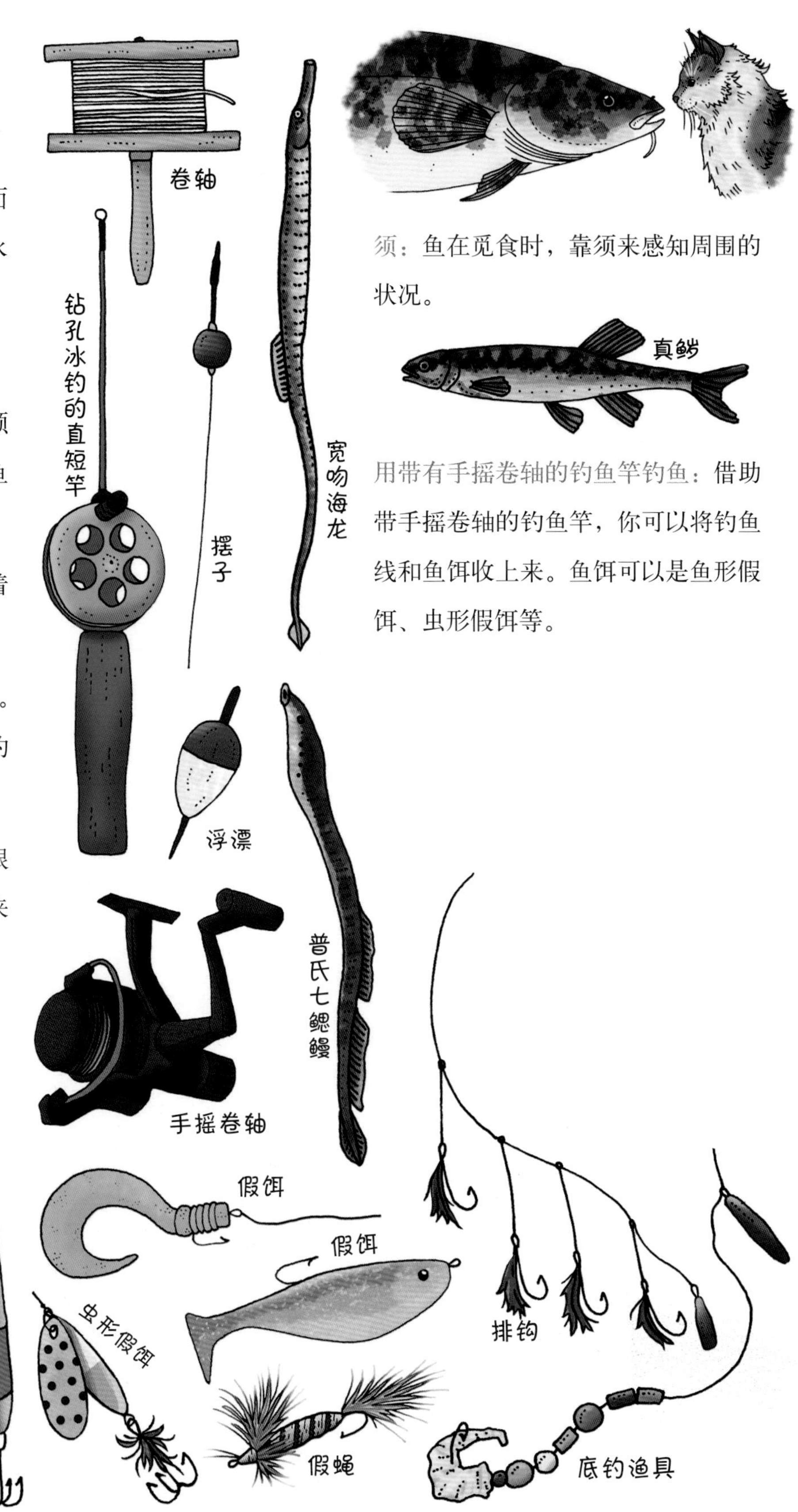

须：鱼在觅食时，靠须来感知周围的状况。

用带有手摇卷轴的钓鱼竿钓鱼：借助带手摇卷轴的钓鱼竿，你可以将钓鱼线和鱼饵收上来。鱼饵可以是鱼形假饵、虫形假饵等。

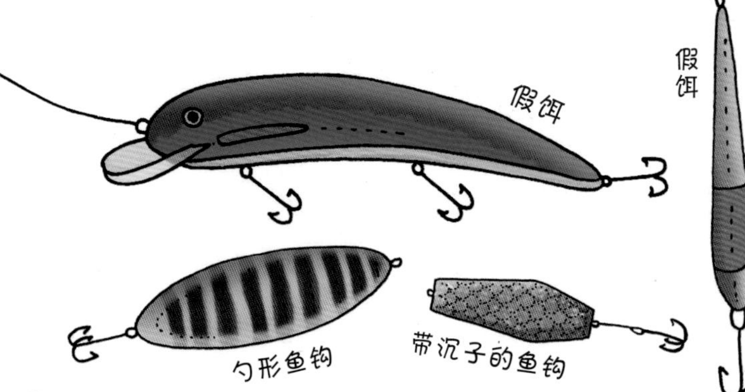

索引

我藏在了书中，
你能发现我吗？